Holger Rüdel

Nomaden unserer Zeit

Holger Rüdel

Nomaden unserer Zeit

Wanderschäfereien in Schleswig-Holstein

Wachholtz

Die Schauplätze der Bildreportage

1

Schäferei Mäharbeiten Bärenshöft
Bärenshöft 6
24980 Hörup

1A Kiesgrube bei Böxlund
1B Fröslev-Jardelunder Moor
1C Ochsenweg im Langenberger Forst
1D Flugplatz Leck
1E Löwenstedter Sandberge

2

Schäferei Fjordland
Ruhekrug 4
24879 Neuberend

2A Sylt, Braderuper Heide und angrenzende Flächen
2B Flächen rund um die Schlei

3

Schäferei Transhumanz
Krummenort 4
24791 Alt Duvenstedt

3A Flächen am Danewerk zwischen Schleswig und Ellingstedt
3B Kograben
3C Tetenhusener Moor
3D Loher Forst
3E Rüsterbergen
3F Flugplatz Schachtholm
3G Truppenübungsplatz Langwedel
3H Bokel
3I Dosenmoor

4

Schäferei Aukrug
Wiesenstraße 13
24613 Aukrug-Homfeld

4A Flächen bei Aukrug
4B Autobahn A7 bei Brokenlande
4C Großenaspe
4D Barker Heide

Inhalt

Geleitwort

Schafherden prägen seit vielen Jahrhunderten die Landschaften einiger deutscher Regionen. So auch in Schleswig-Holstein. Diese Landschaften, insbesondere die baumarmen Moore oder Heiden, ob auf der Insel Sylt oder dem festländischen Geestrücken, wären ohne eine professionelle Wanderschäferei nicht mehr haltbar. Jedenfalls nicht in dieser kulturhistorischen Landschaftsform und -ausprägung. Doch die Zahl der beruflich tätigen Schäferinnen und Schäfer nimmt (vor allem seit der deutschen Wiedervereinigung, die hier noch einmal die Zahlen steigerte) stetig ab, der berufliche Nachwuchs ist rar. Dieses gilt insbesondere für die Wanderschäferei im Norden.
Der ökologische Nutzbeitrag der Wanderschafherden besteht nicht nur darin, Landschaftsflächen von schnellwüchsigen und überwuchernden Pflanzen freizuhalten (»Verbuschung«), sondern auch in den Hinterlassenschaften von Dung und dem (Weiter-) Transport von Pflanzensamen. Schafe und Ziegen haben über Jahrtausende diese Aufgaben übernommen. Die Agrarpolitik unserer Zeit, die sich weitgehend an ortsgebundener Tierhaltung orientiert, kann die massiven Rückgänge der Wirtschaftlichkeit der Wanderschäferei bei der Vermarktung von Wolle, Fleisch und Milch der Viehherden in unseren Breiten nicht mehr kompensieren: »*Das arme Schaf hat lauter leere Taschen*«, formulierte die Frankfurter Allgemeine Zeitung (FAZ) in ihrer Ausgabe vom 25. November 2022. Wenn die Weidetierhaltung, so Wiebke Hüster in ihrem FAZ-Artikel, politisch nicht stärker unterstützt wird, gehen Landschaften, die durch sie entstanden, geprägt und erhalten wurden, verloren.

Die Publikation »*Nomaden unserer Zeit – Wanderschäfereien in Schleswig-Holstein*« begleitet die Leserschaft an mehrere Orte, an denen die Wanderherden mit ihren Schäferinnen und Schäfern anzutreffen sind. Der Fotograf folgt dabei Menschen in ihren uns archaisch anmutenden Berufen, die von ihrer Hände Arbeit leben. Er setzt ihnen dabei mit seinen ästhetisch anspruchsvollen Bildern ein bleibendes Denkmal.
Zu danken haben wir vielen, die das Projekt begleiteten und realisierten: den AktivRegionen Eider- und Kanalregion (Rendsburg) und Mitte des Nordens (Nübel) sowie dem Landesamt für Landwirtschaft, Umwelt und ländliche Räume (LLUR-SH), die mit Mitteln der Europäischen Union (ELER) und des Landes Schleswig-Holstein für die Grundfinanzierung sorgten (LEADER).
Den Kulturstiftungen der Kreise Rendsburg-Eckernförde und Schleswig-Flensburg, der Familie Fielmann, der Nord-Ostsee Sparkasse, der Stiftergemeinschaft der Förde Sparkasse, der Sparkasse Mittelholstein sowie der Sparkasse Südholstein.
Mein Dank gilt auch den Akteuren im Begleitband: dem Schriftsteller Jochen Missfeldt (Oeversee), dem Pressesprecher des Bundesverbandes Berufsschäfer, Andreas Schenk (Bochum), dem Layouter und Grafiker Michael Herold (Typografikdesign, Heiligenstedten), der Feindruckerei Gutenberg Beuys (Langenhagen) und dem Wachholtz Verlag mit Olaf Irlenkäuser (Kiel).
Und – last but not least dem Initiator: dem Fotografen und Autor der Kapiteleinführungen, Holger Rüdel (Selk), der sich nach dem großen Projekt »*ZEITENWENDE – Die Fischer vom Holm in Schleswig an der Schlei*« erneut über einen langen Zeitraum konzentriert, einfühlsam und kenntnisreich einem jahrtausendealten Gewerk, dem der Wanderschäferei widmete.
Seine Aufnahmen und seine Recherchen stellen die Grundlage für diese schöne und instruktive Publikation und die darauf basierende Wanderausstellung. Die Wanderschäferei wird damit erstmals in dieser Art und in diesem Umfang in der Öffentlichkeit

vorgestellt. Ich freue mich, dass wir nach dem Band »ZEITENWENDE« nunmehr mit den »NOMADEN« einen Folgeband über ein wichtiges kulturhistorisches Phänomen im Norden vorlegen können, welcher die Diskussion der kommenden Jahre begleiten dürfte.
Kristof Warda, Chefredakteur der Kulturzeitschrift »Schleswig-Holstein« hat in einem Interview mit Holger Rüdel zu dem Projekt festgestellt: *»Mit seiner unverwechselbaren Bildsprache setzt der Fotograf Holger Rüdel diesen bedrohten Berufen ein ästhetisches Denkmal«.*
Dabei verwies er beispielhaft auf das »ikonische Bild« des Wanderschäfers John Kimmel auf dem Danewerk (s. Seite 94–95), das geradezu biblische Assoziationen weckt.
Und der Fotograf ergänzte: *»Für solche Bilder braucht es neben dem schon angesprochenen räumlichen und inhaltlichen Verständnis für die Situation auch immer eine Portion Glück. Du musst im richtigen Moment am richtigen Ort im Raum sein, die richtige Perspektive einnehmen. Hier kommt der kurze Durchbruch der Sonne an einem ansonsten komplett grauen Tag zusammen mit einem kurzen Innehalten der beiden schwarzen Hunde rechts neben dem Schäfer, die einen Kontrapunkt zu den Schafen und ihrem hellen Fell auf der linken Seite setzen. Und das alles auf dem größten archäologischen Bodendenkmal Nordeuropas.«*
Dieses kunstvoll fotografierte Motiv ist nur eine von vielen herausragenden Fotografien, die diesen Band auszeichnen und bereichern.

Ich freue mich darüber, dass unsere Sparkassenstiftung Schleswig-Holstein – gemeinsam mit mehreren Sparkassen, deren Stiftungen und vielen weiteren Förderern – dieses umfangreiche Projekt im Sinne ihres kulturellen Auftrages unterstützt und unsere Augen auf ein faszinierendes Phänomen unserer Heimat Schleswig-Holstein lenkt.

Oliver Stolz
Präsident des Sparkassen- und Giroverbandes für Schleswig-Holstein
Vorsitzender des Stiftungsrates der Sparkassenstiftung Schleswig-Holstein
Kiel, im März 2023

An einem sonnigen Herbsttag zieht Daniel Kley mit seiner Herde über eine Rollbahn auf dem ehemaligen Nato-Flugplatz in Leck, Kreis Nordfriesland.

Jochen Missfeldt

Schafstille

Diese Stille! Es ist die Schafstille. Je mehr Schafe in der Herde stehen, desto größer die Schafstille. Ich weiß es von meinem ersten Chef, meinem Staffelkapitän, der einer Schäferfamilie aus der Lüneburger Heide entstammte. Er zog nach seiner Pensionierung wieder in die alte Heimat, erlernte noch einmal den Schäferberuf und ist auch im hohen Alter immer noch auf Du und Du mit den Schafen.

Hier, auf dem alten Nato-Flugplatz Leck in Nordfriesland, begegnete ich ihm zum ersten Mal. Von Schafstille konnte damals keine Rede sein, als ich, nach zweijähriger Fliegerausbildung in Arizona, im August 1966 meinen ersten Starfighter-Flug im Aufklärungsgeschwader 52 absolvierte. Unser Staffelkapitän, der spätere Schäfer, saß im hinteren Cockpit einer »TF-104 G« und zeigte mir aus der Vogelperspektive Norddeutschland mit Stadt, Land, Fluss, mit Küsten, Nordsee und Ostsee. Wir landeten nach einer Stunde und fünfzehn Minuten. Mein Staffelkapitän sagte, Das war's schon und entließ mich. Fortan flog ich die einsitzige Aufklärungsmaschine RF-104 G, betrachtete unser Land von oben und fotografierte mit Luftbildkameras. Das waren unvergessliche Jahre.

Für unsere kleine Stadt waren das auch Jahre des Fluglärms. Wenn wir zum Nachtflug vom südöstlichen Ende unserer Betonpiste in Richtung Nordsee starteten, bekamen die Menschen, die in unmittelbarer Nähe hinter dem Flugplatzzaun wohnten, den brüllenden Nachbrennerkrach direkt in die Ohren und fanden erst Schlaf, wenn die letzte Maschine kurz vor Mitternacht zu Hause war. Erst als das Geschwader 1994, nach über dreißig Jahren Flugbetrieb, aufgelöst wurde und unsere Maschinen bei der türkischen und griechischen Luftwaffe landeten, hatte das ein Ende. Schluss mit dem Höllenlärm. Die Stille kehrte ein, später dann die Schafstille.

Da stehe ich auf dem Gelände meines alten Flugplatzes, sehe die Rollwege, links und rechts die zerbrochenen Unterflurlampen mit heraushängenden, losen Kabeln. Das tut weh. Auch anderswo hat der Zahn der Zeit genagt, am Wachhäuschen, an den Unterständen, an der aus Ziegelsteinen gemauerten Baracke. Nichts los, auch kein Flugbetrieb, den hier nur noch die Sportfluggruppe veranstaltet. Heute, bei Nieselregen und niedrigen Wolken, sind die Sportflieger weder auf den Beinen noch in der Luft. Die Graspiste liegt im Wasser, die Sportflugzeuge stehen im Hangar, die Flugbetriebsbaracke ist geschlossen.

Nur der Wanderschäfer Daniel Kley – einer der wenigen professionell tätigen Wanderschäfer im Norden – steht hier in seinen wetterfesten Stiefeln, mit Hut und Regenumhang, mit seinem Rucksack unterm Regenumhang, der ihm einen gewichtigen Buckel macht. Er steht gestützt auf seinen langen Schäferstock aus Schwarzdorn, an dessen unterem Ende die Schäferschippe sitzt. Die braucht er, um mit Dreck zu werfen. Die beiden Hütehunde Loni und Django kriegen eine Ladung aufs Fell, wenn sie eine haben müssen und in erreichbarer Nähe sind. Zwei unruhige Geister; sie laufen und laufen mit hechelnder Zunge, sie umrunden die Herde, und die Herde merkt, dass sie unter beschützender Beobachtung steht.

Auch die Hunde sollen wissen, dass sie einem Herren dienen, dem sie gehorchen müssen. Von allein machen die nämlich gar nichts, sagt der Schäfer. Immer muss er sein Auge auf sie haben oder eben eine Schippe voll Dreck werfen. Und was ist mit dem Haken an der Schippe? frage ich. Den braucht er, um seine Schützlinge einzufangen, eines von den Merinos oder von den Coburger Füchsen. Die Coburger sind die Schafe mit dem kamelhaarbraunen Seidenglanz an den Hinterbeinen. Da hakt der Schäfer ein,

Gut ausgebildete Hütehunde sind unverzichtbare Partner jeder Wanderschäferei.

das Schaf, das Sissi oder Franziska heißt oder namenlos ist, steht still, zeigt brav oder weniger brav die Klauen und muss sich behandeln lassen. Der Schäfer begutachtet den Spalt zwischen den beiden Zehen, vielleicht muss ein Stein mit dem Schäfermesser entfernt werden, vielleicht hat sich durch Verletzungen eine Infektion gebildet, vielleicht wartet eine Wunde auf Behandlung, vielleicht eine ansteckende Klauenkrankheit. Der Schäfer kennt seine Tiere und sieht auf den ersten Blick, ob er eines davon einfangen muss.

Pflege und Wartung werden auch in der Schäferei großgeschrieben. Um vorzubeugen gegen Krankheiten und Verletzungen, beschneidet der Schäfer regelmäßig die Klauen seiner Tiere. Dafür stellt er sie in eine Wendebox und dreht sie auf den Rücken. Und die Schafe lassen sich das einfach gefallen? frage ich. Das geht schnell, schon sind sie drin und gedreht, und dann geht's los. Nun ist für Schäfer und Schaf oben, was sonst unten ist, mit Klauenmesser und Klauenschere schneidet er, was geschnitten werden muss, das Schaf in der Wendebox wird wieder auf die Beine gestellt, die Behandlung ist beendet, das Schaf zieht seiner Wege. Das Nächste bitte.

Seit ein paar Wochen hat Daniel Kley seine Herde, in der auch ein paar Ziegen mitlaufen, auf dem ehemaligen Lecker Flugplatz stationiert. Der von ihm und seinen über fünfhundert Tieren bewirtschaftete Grund und Boden erstreckt sich nach Norden bis knapp an die Chaussee von Leck nach Süderlügum. Das Gelände steht seit 2019 unter besonderem Schutz, es soll in seinem jetzigen Zustand erhalten werden. Wanderschäfer und Hütehunde, Schafe und Ziegen sind für diesen Zweck die richtigen Lebendwerkzeuge. Hier und heute steht der Schäfer an seinem Stock, die Herde steht bei Fuß und frisst. Wenn er wieder loszieht, folgt sie ihm auf dem Fuße. Bleibt er dann wieder stehen, dreht er sich um und hält die Augen auf seine Tiere, dann steht die Herde ebenfalls still, und mehr als tausend Tieraugen sehen ihren Herrn und Meister an: Wir wollen wissen, was du als nächstes mit uns vorhast. Diese Frage brennt dem Schafvolk auf den Zehen. Jetzt, im Augenblick der Mensch-Tier-Kommunikation herrscht absolute Stille, die Schafstille. Auch die Hütehunde Loni und Django halten ein, nur das Hecheln leisten sie sich noch. Die Schafe stehen lammfromm und erwartungsvoll da mit ihren nach oben gerichteten Schafsnasen. Fressen ist jetzt kein Thema. Auch Tiere wollen wissen, was Sache ist.

Sind Schafe dumm? frage ich den Wanderschäfer. Weil es doch heißt: Du dummes Schaf, oder: Das merkt sogar ein Schaf. Zu dieser Frage äußerte sich schon im Jahre 1350 Konrad von Megenberg in seinem »Buch der Natur«, der ersten Naturgeschichte in deutscher Sprache: Das Schaf hat weniger Verstand als alle anderen Tiere. Der Wanderschäfer Daniel Kley lässt sich auf meine Frage nach dem Schafsverstand nicht sofort ein, er überlegt, und während er überlegt, ruft er: Django, mach keinen Quatsch. Dann meint er, jedes Lebewesen habe seine ausgeprägten Eigenschaften, so eben auch das Schaf. Schafe haben zum Beispiel diese Spezialbegabung: Sie können sich Wege merken. Wenn der Schäfer mit ihnen übers Land zieht, dann wissen seine Schützlinge genau, ob sie im letzten Jahr schon einmal dagewesen waren, und dann wissen sie auch, wo es längs geht und wo es was zu fressen gibt.

Ziegen fressen vor allem Gehölze, Schafe mögen lieber Gras. So wird am alten Lecker Flugplatz ein überschaubares Stück Natur kurz gehalten, seltene Pflanzen wie das Knabenkraut oder die Moorlilie haben hier ihr Zuhause. Hier ist auch Raum für den Lilagold-Feuerfalter und für die gefährdete Knoblauchkröte. Ohne Wanderschäfer, Schafe und Ziegen wäre in ein paar Jahren von dieser Landschaft nichts mehr übrig. Bäume und Büsche würden wachsen und alles verdrängen, was hierbleiben soll.

Der Flugplatz in Leck: Wo früher Jets der Luftwaffe stationiert waren, grasen jetzt Schafe und Ziegen.

Dass dieses von Mensch und Tier kultivierte Gelände zu jeder Jahreszeit seinen besonderen Reiz hat, ist eine Zugabe von Mutter Natur. Im letzten Winter sah ich hier, soweit das Auge reichte, eine mit frisch gefallenem Schnee bedeckte Heide. Im letzten Sommer lag eine brütende Stille über dem Land. Im August blühte hier die Heide. Tief empfand ich die Schönheit dieser Landschaft. Eine Stimmung wie in Theodor Storms Gedicht »Abseits« erfasste mich, als ich hier am Rande des Naturschutzgebietes mit meinen Walking Sticks wanderte: Kein Klang der aufgeregten Zeit/Drang noch in diese Einsamkeit.

Warum und wann ist eine Landschaft schön? Schönheit erhält sie durch das menschliche Auge. Mit dem sehenden Auge fängt alle Schönheit an, und mit dem, was sonst noch im Kopf ist, umfassen wir sie ganz. Wenn wir von ihr Besitz ergriffen haben und sie ein Teil von uns geworden ist, dann spüren wir sie wie ein letztes Glück an unserem letzten Tag.

Auch der alte Ochsenweg im Langenberger Forst bei Leck, das Jardelunder Moor bei Flensburg, die Löwenstedter Sandberge und die Kiesgrube bei Böxlund gehören zu den ausgesuchten Flecken, die Daniel Kley mit seiner Herde bewirtschaftet und für mich, den Verbraucher und Besucher, der diese Landschaft liebt und erleben will, kultiviert. Heute begreife ich dieses Extra, das geschaffen wird und erhalten werden soll, nicht nur als eine Dienstleistung, die Schafe, Ziegen und Wanderschäfer erbringen, sondern als Arbeit an der Schönheit. Als Dienstleistung wird sie von Vater Staat bezahlt.

In dieser Dienstleitung liegt, neben der Fleisch- und Wolle-Vermarktung, eine der Einnahmequellen des Betriebes »Mäharbeiten Bärenshöft« – so steht's gekonnt ironisch

Ziegen lieben Blätter und Gehölz.

auf dem Pick-Up, den Daniel Kley für seine Schäferei benötigt. Der Schaftransporter hängt stets an der Anhängerkupplung; im Falle eines Falles kann er seine Tiere schnell von A nach B befördern. Morgens, nach Frühstück und Stalldienst auf seinem alten Bauernhof, steigt er in den Pick-Up und fährt mit den Hunden zur Herde. Sie steht in einem Pferch mit Elektrozaun und erwartet ihn, er lässt sie frei und setzt den Pferch auf frischen Grund, dann zieht er mit den Tieren los. Wenn es dunkel wird, treibt er seine Schafe wieder in den Pferch, wo sie die Nacht über bleiben, um am nächsten Morgen wieder losgelassen zu werden.
Nachts kommen die Wölfe und tagsüber die Langeweile? Daniel Kley, der Wanderschäfer, reagiert ruhig und gelassen. Bevor er spricht, bedenkt er die Sache und wählt seine Worte. Und während er nachdenkt, kommt mir dieser Gedanke: Jeder Schreihals, der keiner Fliege ein Härchen krümmen mag, der aber jede Gelegenheit nutzt, einen Bock zu schießen, könnte von dieser Ruhe und Gelassenheit eine gute Portion vertragen. Dann sagt Daniel Kley: Bisher habe er weder mit den Wölfen noch mit der Langeweile Probleme gehabt. Nur keine Panik. Es gebe ja immer was zu tun. Der Elektrozaun sei über einen Meter hoch. Auch ein Wolf mag keinen gewischt kriegen. Aber da die Hunde über den Zaun springen können, würde der Wolf es auch schaffen. Bis jetzt sei aber alles gut gegangen. Dass Langeweile nie bei ihm aufkomme, das könne er nicht sagen. Die aber hat er im Griff, wenn er dem Schreibkram und der immer ungemütlicher werdenden Bürokratie den Rücken kehrt und zu seiner Herde fährt.

Käthe Kimmel ist ausgebildete Wanderschäferin und arbeitet im Betrieb ihres Vaters. Die Aufnahme entstand an einem regnerischen Herbsttag am Rand des Dorfes Bokel im Kreis Rendsburg-Eckernförde. Diese von der Bokeler Au durchflossene wald- und wiesenreiche Landschaft, die »Bokeler Wildnis«, ist ein Lieblings-Weideplatz der Schäferei Kimmel.

Andreas Schenk

Schäferei in Deutschland

Ein kurzer Überblick zu Wirklichkeit …

Eine Schäferin im Regen, irgendwo in den schleswig-holsteinischen Heiden. Auf ihren Stab gestützt, steht sie eingehüllt im Lodenmantel, umgeben von Schafen und Hunden. Dieses Bild könnte von heute sein oder hundert Jahre in der Vergangenheit liegen. So wenig hat sich die Schäferei im Kern geändert. Das ist gut so, denn die Heiden sind wie viele unserer Kulturlandschaften durch die Beweidung mit Schafen entstanden. Ohne Schäferei würden sie verschwinden.

Ein weiteres Beispiel für die Unverzichtbarkeit der Weidetierhaltung im Naturschutz ist die Biotopvernetzung. Schafe bewegen sich beim Fressen bodennah durch Dick und Dünn. Dabei bleiben Samen und Insekten in ihrem Fell hängen. Bei Weidewechseln werden diese dann über viele Kilometer transportiert. Nutztiere übernehmen damit eine natürliche Funktion frei wandernder Tierherden, die aus unserer zersiedelten Landschaft unwiderruflich fast verschwunden sind.

Früher sind Schäfer und Schäferinnen manchmal als Sonderlinge belächelt worden. Ganz fern von der Wahrheit ist das nicht. Es braucht Idealismus und Hartnäckigkeit, um tagaus wie tagein, Kilometer wandernd, alle Unbill des Wetters zu ertragen, damit die Herde satt wird. Schafhaltende sind oft ein wenig verrückt, verrückt nach Schafen. Die Herde ist ein Teil von ihnen. Eine Schäferin schilderte es einmal so: »Wenn ich spät nachts auf der Couch liege, fühle ich den Puls von hunderten Tieren.«

Natürlich ist der Beruf nicht ganz in der Zeit stehen geblieben. Heute benutzt man Autos, Elektronetze, Geoinformationssysteme, elektronische Tierkennzeichnung und viele andere Artefakte der Moderne. Selbst der traditionell hölzerne Schäferwagen ist vom bequemen Wohnwagen abgelöst worden. Aber im Zentrum der Schäferei steht – seit Urzeiten unverändert – das Arbeiten mit den Schafen in der Natur. Das macht es schwierig an einem Markt mitzuhalten, der weitgehend von hochtechnisierter Landwirtschaft bestimmt ist.

… und Wirtschaftlichkeit

Bei einem Blick in die Agrarstatistik lässt sich feststellen, dass es 2022 vielleicht noch 900 haupterwerbliche Schäfereien in Deutschland gibt. Sie halten die Hälfte der heimischen Schafe und bewirtschaften sowie pflegen mindestens 200.000 Hektar artenreicher Naturflächen.

Im Mittel hat ein Haupterwerbsbetrieb 550 Mutterschafe und 170 Hektar. Das bedeutet: auf einem Fußballfeld an Dauergrünland leben drei Schafe mit ihren Lämmern. Abgesehen von harten Wintertagen oder Krankheit verbringen die Tiere ihr Leben im Grünen. Einige Betriebe haben keinen klassischen Stall, sondern nur Unterstände zum Schutz vor Wind und Schnee. Die Schafe stört das nicht; sie tragen praktisch mehrere Wollpullover übereinander. Es gibt hierzulande wohl kaum eine andere Form der Nutztierhaltung, die im Ganzen tiergerechter ist.

Aber viele Lebewesen naturnah zu versorgen kostet Zeit und Geld. Im landwirtschaftlichen Rechenwesen entsprechen sechs Schafe etwa einem Rind, vergleichsweise höher ist der Aufwand. Auch ist es im gewissen Sinne betriebswirtschaftlicher Unsinn, die Tiere nicht im Stall zu halten. Generell ist eine intensive und durchrationalisierte Stallhaltung heute nicht mehr wirtschaftlich. Die Erzeugungskosten sind in Deutschland einfach zu hoch, und die Handelspreise leiden unter dem Druck des Weltmarktes.

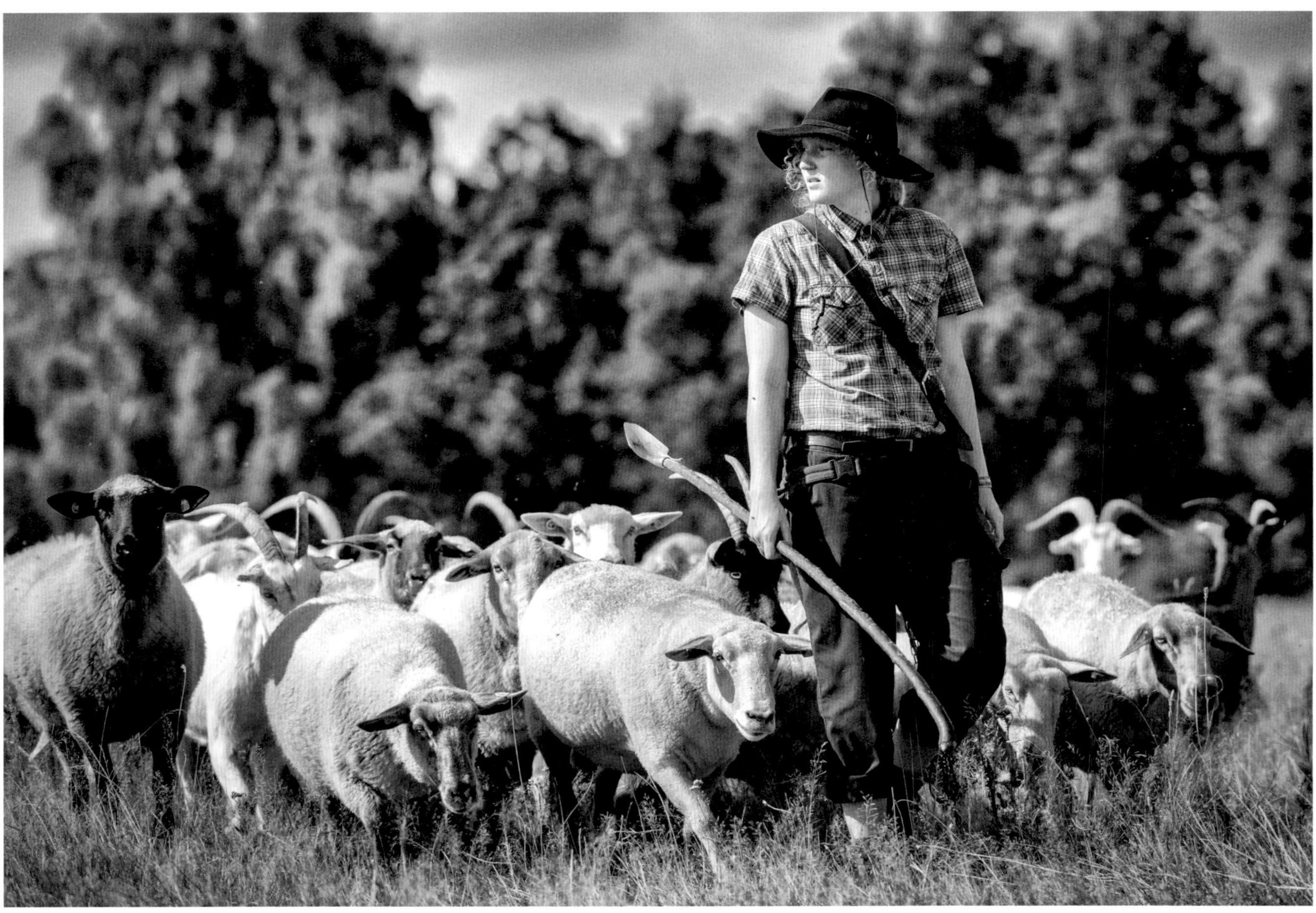

Szenen vom Hütetag 2021: Gelegentlich treffen sich die Wanderschäferinnen und Wanderschäfer aus Schleswig-Holstein an einem Tag im Sommer zum Erfahrungsaustausch, zu Trainingszwecken oder zum geselligen Beisammensein. hier in der Barker Heide.

Mit der Fleischerzeugung erwirtschaften Schäfereien weniger als die Hälfte ihrer Erträge. Der Rest der Einnahmen und des oft mageren Gewinns kommt zu gleichen Teilen aus Naturschutzverträgen sowie den Flächenprämien der Gemeinsamen Agrarpolitik der Europäischen Union. Der hohe Anteil des Naturschutzes an den Erträgen ist praktisch ein Alleinstellungsmerkmal der Schäferei. Er entspricht den gegenwärtigen gesellschaftlichen Forderungen. Dennoch gehört der Sektor in Deutschland seit Jahrzehnten zum unteren Einkommensdrittel der Landwirtschaft.

Landwirtschaftspolitik und Schäferei

Die existenziellen Probleme sind altbekannt. In den Archiven des Deutschen Bundestages findet sich im Jahr 1953 die erste Kleine Anfrage zur »Erhaltung der Schafzucht in der Bundesrepublik« als Drucksache 01/4670. Man beklagt den Rückgang des Lammfleischkonsums, die hohen Lohnkosten, den Wertverfall von Wolle und die Konkurrenz durch Importe aus Ländern mit niedrigeren Erzeugungskosten. Die »Erschwerung der Wanderschäferei durch Erhöhung der Pachtpreise und den Rückgang von absolutem Schafland« beschrieb man als unaufhebbar. Angesichts dieser Herausforderungen versprach die Bundesregierung, sie werde »alle Mittel ausschöpfen, die ihr im Rahmen der gegebenen Möglichkeiten durchführbar erscheinen.«

Wirklich geholfen hat dieses Lippenbekenntnis nicht. Der Bestand an Mutterschafen sank von einer Million im Jahr 1953 auf weniger als eine halbe Million in den Sechzigern, um bis zum Ende der Achtziger erneut auf eine Million zu steigen. In der Deutschen Demokratischen Republik war die Schafhaltung ein bedeutender Zweig der Landwirtschaft. Mit der Wiedervereinigung stieg die Zahl der Mutterschafe daher auf 1,5 Millionen. Nach 2004 fielen die Bestände bis 2016 zurück auf eine Million Tiere. Seitdem stagnieren die Zahlen, mit leichter Tendenz nach unten.

Ein wesentlicher Grund für die relative Erholung der Schafbestände zwischen Mitte der Sechziger und der Wiedervereinigung 1989 war die Einführung der Gemeinsamen Agrarpolitik der Europäischen Union im Jahr 1962. In der Frühzeit umfasste diese Politik vor allem die Förderung von Produktion und Export. Dies führte unter anderem zu den legendären Butterbergen, den Rückgang von Biodiversität in der Agrarlandschaft sowie dramatischen Verzerrungen des Weltmarktes zu Ungunsten des globalen Südens. Folgerichtig traf man um die Jahrtausendwende die Entscheidung für eine grundlegende Umgestaltung der Politik.

Seit der Reform von 2005 beruhen die Beihilfen der Gemeinsamen Agrarpolitik daher nicht mehr auf Produktionsmengen oder Tierzahlen, sondern vorrangig auf der bewirtschafteten Fläche. Für die Schafhaltung ist das ein Problem. Einheitliche Flächenprämien gleichen weder den Mehraufwand noch den Minderertrag aus, der mit einer naturnahen tierreichen Weidehaltung verbunden ist. Das gilt besonders im Vergleich zum intensiven Ackerbau aber auch zur industriellen Tierhaltung. Sie entlohnen zudem kaum für Leistungen im Umwelt- und Naturschutz oder beim Tierwohl. Zwar gibt es seit den Neunzigern Förderprogramme für grüne Leistungen der Landwirtschaft. Die ersetzen aber nur Maßnahmekosten und ermöglichen keinen Gewinn.

Deshalb durften die Mitgliedstaaten der Europäischen Union extensive Weidetierbetriebe auch nach der Reform in gewissem Umfang mit tierbezogenen Beihilfen unterstützen. So flossen allein 2021 über 500 Millionen Euro zur Förderung der Schäferei in andere Länder der Union, aber nicht nach Deutschland. In der Bundesrepublik blieb diese Möglichkeit von 2005 bis 2022 ungenutzt, aus marktliberaler Ideologie und sehr zum Leid der deutschen Schafhaltung.

Harte Arbeit im Stall der Schäferei Kimmel: Auszubildende Antonia Fähnrich (bis 2022) versorgt die Tiere mit frischem Heu.

Selbstaufzehrung und Stagnation

In Folge der beschriebenen Entwicklung der europäischen Landwirtschaftspolitik und ihrer Umsetzung in Deutschland zehren die Schäfereien seit 2005 von der materiellen und menschlichen Substanz. Harte betriebswirtschaftliche Kennzahlen zeigen: Mehr als die Hälfte des Betriebsvermögens steckt in Maschinen und Anlagen; zwei Drittel davon sind abgeschrieben. Der Verschuldungsgrad beträgt über 50 Prozent, und die langfristige Kapitaldienstfähigkeit ist nicht gegeben. Zieht man die Agrarbeihilfen vom Gewinn ab, schreiben schafhaltende Betriebe rote Zahlen. Landwirtschaftliche Haupterwerbsbetriebe im Allgemeinen erwirtschaften selbst dann noch Gewinn. Der beruflichen Schäferei geht es also dramatisch schlechter als dem Rest der erwerblichen Landwirtschaft.

Durch die wirtschaftliche Lage ist auch die Betriebsnachfolge in den wenigen noch existierenden Schäfereien gefährdet. Überhaupt ist Personal kaum zu finden. Im Beruf des Tierwirts beziehungsweise der Tierwirtin gab es nach Angaben der Bundesagentur für Arbeit 2019 einen der größten Fachkräftemangel mit 25 Prozent unbesetzter Stellen. Die Fachrichtung Schafhaltung ergreifen etwa 70 Personen im Jahr. Nur ein kleiner Teil davon arbeitet später tatsächlich in einer Schäferei. Betriebshelfende, Scherende oder Klauenschneidende sind in vielen Regionen inzwischen Mangelware. Das Gleiche gilt für regionale Schlachtstätten. Mit den Betrieben verschwindet eben zunehmend die umgebende Infrastruktur. Hinzu kommt, dass mit Traditionsberufen oft ebenso das dort überlieferte Wissen verloren geht.

Der schlechte betriebliche Zustand der Schäfereien zeigte sich auch im Kontext der Flüchtlingssituation ab 2015. In dieser Zeit kamen viele Menschen nach Deutschland.

Schafe im Stall der Schäferei Kimmel.

Oft stammten sie aus Herkunftskulturen, in denen Schaffleisch zur traditionellen Küche gehört, anders als hierzulande. In der Folge wurde auch in Deutschland plötzlich mehr Lammfleisch verzehrt. Dieses Fleisch kam jedoch nicht von heimischen Weiden, sondern schockgefroren mit dem Flieger aus Neuseeland oder Australien. Die deutschen Schäfereien hatten weder das Kapital noch die Energie, um von der gestiegenen Nachfrage zu profitieren. Die Inlandserzeugung blieb unverändert. Im Ergebnis sank die Selbstversorgung mit Lammfleisch in Deutschland unter 40 Prozent, den niedrigsten Wert seit Jahrzehnten. In Europa insgesamt blieb sie stabil bei 90 Prozent.
Die Existenzkrise der deutschen Schäferei ist offensichtlich. Die Zukunft des Sektors und seiner Leistungen für den Naturschutz ist ungewiss. Dabei stehen unsere Biotopsysteme wie das Klima vor dem Zusammenbruch. Lediglich 17 Prozent der Habitate und nur noch 27 Prozent der Arten sind in einem guten Zustand, so der Bericht zur Lage der Natur in der Europäischen Union im Jahr 2021.

Hoffnung und Handeln

Ab 2023 wird es auch in Deutschland endlich eine Weidetierprämie geben, also eine ergänzende Beihilfe, bemessen nach den Tierzahlen und nicht der Fläche. Wenn die Umsetzung gelingt, wird sie in Zukunft die Mehrkosten einer naturnahen Weidetierhaltung teilweise ausgleichen. Dieser Erfolg brauchte mehr als zehn Jahre intensiver politischer Arbeit der gewerblichen Schafhaltung im Zusammenwirken mit zivilgesellschaftlichen Partnern.

Praxistraining im T-Shirt mit Wolfsmotiv: eine Szene vom Hütetag der schleswig-holsteinischen Wanderschäfereien 2021.

Allerdings ist die Weidetierprämie nicht die Lösung. Sie ist nur ein Instrument, um den Betrieben wirtschaftliche Handlungsspielräume zu eröffnen, damit sie sich den dringendsten Herausforderungen stellen können: Betriebsnachfolge, Betriebsentwicklung, Marktentwicklung, Klimaveränderung und Interessenvertretung …

Das langfristige Ziel der Schäferei sollte es sein, wieder von Markterträgen zu leben und die Abhängigkeit von staatlichen Leistungen zu überwinden. Noch ist das eine fantastische Idee. Damit sie Wirklichkeit wird, müssen die Konsumenten am Markt tatsächlich deutlich höhere Preise für regionale Waren zahlen, bei deren Erzeugung Leistungen für den Natur- und Tierschutz erbracht werden. In den nächsten Jahrzehnten wird die Wohlfahrt in der Bundesrepublik jedoch kaum steigen. Daher werden gerechtere Erzeugerpreise die Verlagerung des Fleischkonsums von Menge auf Qualität bedingen. Diese grundlegende Veränderung unseres Ernährungsbewusstseins ist ein Generationenprojekt. Zum Glück gibt es bereits entsprechende Trends im Konsumverhalten.

Bis zur gerechten Entlohnung der öffentlichen Leistungen extensiver Landwirtschaft am Markt muss der Staat eintreten. Die Gemeinsame Agrarpolitik der Europäischen Union sollte so weiterentwickelt werden, dass die Erzeugung öffentlicher Güter genauso wirtschaftlich für unsere Landwirtschaftenden ist wie die Erzeugung von Nahrungsmitteln. Dafür muss die Grundsicherung der Landwirtschaft über die Flächenförderung teils in eine gewinnwirksame Vergütung für messbare Leistungen im Natur-, Umwelt-, Klima- und Tierschutz überführt werden.

Im Licht eines späten Sommerabends: die Wanderschäferin Uta Wree mit ihrer Herde in der Braderuper Heide auf Sylt.

Fazit und Ausblick

Der uralte Beruf des Schäferhandwerks, insbesondere der Wanderschäferei, ist heutzutage komplex und steckt voller Unsicherheit. Das schöne Bild der Schäferin entspricht nicht mehr der harten Realität. Zeit für Idylle gibt es nur noch selten. Aber wenn der Blick über die zufrieden schmatzende Herde im Morgendunst wandert, ist doch immer einmal wieder Zeit für Beschaulichkeit. Solche Momente sind wertvoll. Sie erinnern bei allen Sorgen und allem Kampf an das Wesentliche der Berufung zum Schäfer oder zur Schäferin: das Behüten der Schafe und die Bewahrung unserer Natur.

Daniel Kley

Die Schäferei Mäharbeiten Bärenshöft

Wenn man so will, ist Daniel Kley in Deutschland »einsame Spitze«, denn zusammen mit seiner Frau Melanie repräsentiert er die nördlichste Wanderschäferei der Republik. Der Betrieb trägt den pfiffigen Namen »Mäharbeiten« und befindet sich in Bärenshöft im Kreis Schleswig-Flensburg, nicht weit von der dänischen Grenze entfernt.

Im Norden Deutschlands ist Daniel Kley seit 1994 als Schäfermeister tätig, nur unterbrochen durch eine zweijährige saisonale Beschäftigung in der Schweiz. 2012 konnte er den Hof in Bärenshöft erwerben und als Basis für seine Wanderschäferei ausbauen, zu der 600 Coburger Fuchsschafe und einige Ziegen gehören. Als Auszubildende kam Melanie in den Betrieb – und blieb als gelernte Schäferin und Daniels Ehefrau.
Die Beweidungsgebiete der Wanderschäferei Kley sind über eine große Fläche im Norden der Kreise Schleswig-Flensburg und Nordfriesland verstreut. Zu den wichtigsten zählen der Ochsenweg im Langenberger Forst bei Leck, der Flugplatz in Leck, die Löwenstedter Sandberge, die Lütjenholmer Heidedünen, die Langenhorner Heide, die Kieskuhle Böxlund und das ausgedehnte Jardelunder Moor.
Für Melanie und Daniel Kley ist die Wanderschäferei Beruf und Leidenschaft zugleich. »Das viele Draußensein mit den Schafen und Hunden hat uns tief geprägt«, sagen sie. »Die Wanderschäferei ist die ursprünglichste Form der Tierhaltung. Wie schon vor 13.000 Jahren, als die Domestikation der Schafe begann und Nomaden mit ihren Tieren auf der Suche nach Futter umherzogen, sind auch unsere Schafe fast das ganze Jahr draußen und bewegen sich wie seit Urzeiten, nur vom Schäfer und den Hütehunden geleitet, frei durch die Landschaft.«

Man muss ergänzen: Die Begeisterung für Pferde ist eine weitere Inspiration für die beiden Schäfer. Bereits 2012 absolvierte Melanie Kley eine Ausbildung zur Pferdefachwirtin und Reitlehrerin an der Kölner Pferdeakademie. »Angeregt durch Melanie bin ich einer alten Sehnsucht gefolgt und habe angefangen, das Westernreiten zu lernen«, erklärt Daniel Kley. »In kürzester Zeit haben unsere Pferde mein Herz erobert. Ich bin von diesen Wesen immer wieder zutiefst berührt.«
Das Reiten ist für die Kleys nicht nur eine Entspannung nach anstrengender Arbeit in der Schäferei, sondern auch Mittel zum Zweck: Immer dann, wenn die Rahmenbedingungen es erlauben, ziehen sie zu Pferd mit ihrer Herde durch das Gelände.
»Die Arbeit mit den Pferden ist wundervoll und zutiefst beeindruckend«, bekennt Melanie Kley.

Daniel und Melanie Kley beim Reittraining auf ihren Pferden Joey und Blanca.

Melanie Kley mit Awik, einer Altdeutschen Hütehündin.

Im Langenberger Forst südlich von Leck im Keis Nordfriesland verläuft ein Teilstück des historischen Ochsenweges. Dieser Abschnitt zählt zu den landschaftlich schönsten Beweidungsgebieten der Wanderschäferei Kley. Hier hat Melanie Kley die Betreuung der Herde übernommen.

Melanie Kley mit ihren Tieren auf den historischen Pfaden des Ochsenweges.

Ruhepause für Schäferin und Schafe im Langenberger Forst bei Leck.

Sicherer Griff: Ken Vopel vom Team der Schäferei Kley (bis 2022) mit einem Lamm im großen Stall des Hofes in Bärenshöft.

Die Löwenstedter Sandberge, ein Naturschutzgebiet im Kreis Nordfriesland, sind eines der angestammten Beweidungsgebiete der Schäferei Kley. Ziegen sind in jeder Wanderschafherde vertreten und fressen, wie hier im Bild, gerne stehend Blätter von Bäumen. Für Schafe wären sie nicht erreichbar. Zudem ernähren sich Schafe auch nur zu zwanzig Prozent von Gehölz, Ziegen aber zu achtzig Prozent.

Das Fröslev-Jardelunder Moor liegt westlich von Flensburg direkt an der Grenze zu Dänemark. Durch dieses ausgedehnte Naturschutzgebiet zieht Daniel Kley mit seiner Herde mehrfach im Jahr.

Im Fröslev-Jardelunder Moor: Begleitet von Hexe, einer Altdeutschen Hütehündin, hat Daniel Kley seine Herde fest im Blick.

Weites Land: Daniel Kley an einem heißen Sommertag im Fröslev-Jardelunder Moor.

OBEN: Das Hochmoor ist von zahlreichen Torfstichen zerkuhlt, aus denen immer wieder Schafe gerettet werden müssen.

RECHTS UNTEN: Zug durch das Fröslev-Jardelunder Moor.

OBEN: Die aufgelassene, tiefe Kiesgrube bei Böxlund westlich von Flensburg ist ein Naturschutzgebiet, das ebenfalls zu den Beweidungsflächen der Wanderschäferei Kley gehört. Die steilen Hänge sind eine besondere Herausforderung für den Schäfer und seine Herde.

LINKS: Daniel Kley mit seiner Altdeutschen Hütehündin Loni in der Kiesgrube bei Böxlund.

Uta Wree

Die Schäferei Fjordland

Uta Wree aus Neuberend bei Schleswig ist promovierte Tierärztin – und Wanderschäferin aus Leidenschaft. Ihre ersten Schafe bekam Uta Wree, als sie in jungen Jahren auf einem Ponyhof jobbte und man ihr statt Geld zwei Tiere anbot. Doch das Leben nahm zunächst eine andere Wendung: Sie wurde Tierärztin und heiratete einen Landwirt. Zweifel an der Sinnhaftigkeit ihrer Tätigkeit als Veterinärin kamen auf, als sie bei den zu behandelnden Tieren immer wieder Krankheiten heilen musste, die aus nicht artgerechter Haltung resultierten. »Irgendwann«, erinnert sie sich, »fand ich das alles so deprimierend, dass ich keine Lust mehr hatte.«

Das Jahr 2003 markierte den Start in einen neuen Lebensabschnitt: Sie entdeckte in der Wanderschäferei ihren Traumberuf und gründete »Fjordland«, ihren eigenen Schäfereibetrieb. Heute ist sie Besitzerin einer Herde von fast 1.000 Schafen skandinavischen Ursprungs. Schon die Wikinger schätzten diese Fjordlandschafe wegen ihrer Robustheit, ihres zarten, dunklen Fleisches und ihrer besonderen Wolle.
Seit 2015 lädt Uta Wree jedes Frühjahr etwa die Hälfte ihrer Herde auf zwei Transporter, um sie im Autozug nach Sylt bringen zu lassen. Im Auftrag des Landschaftszweckverbandes Sylt ist sie dann mit ihren Tieren bis in den Herbst hinein eine zentrale Akteurin beim Erhalt des ökologischen Gleichgewichts der Insel. Und natürlich auch ein beliebtes Fotomotiv für die Sylt-Urlauber.
Ihr Territorium sind die Braderuper Heide, eine der größten Heidelandschaften Deutschlands, und angrenzende Flächen bis nach Westerland. Hier befreien die Schafe die Natur von unerwünschten Kräutern und Sträuchern. Und durch den Transport seltener Pflanzen- und Insektenarten in ihrer Wolle sorgen sie für Biodiversität. Mit einem Wort: Auch auf Sylt hat die Wanderschäferei für die Landschaftspflege eine wichtige, ja unverzichtbare Funktion.
Dennoch: Planungssicherheit gibt es für Uta Wree nicht. Alle drei Jahre wird der Beweidungsauftrag – auch bei Gebieten auf dem Festland – neu ausgeschrieben. Und jedes Mal ist das Ergebnis lange Zeit offen.
»Was nützt es uns, wenn jeder uns schätzt, weil es so hübsch aussieht, aber niemand etwas dafür tut, damit wir erhalten bleiben«, kritisierte sie die ungewisse Situation ihres Handwerks in einem Interview. »Es muss etwas auf politischer Ebene geschehen.«

Das nebenstehende Bild zeigt Uta Wree in ihrem Wohnwagen auf Sylt mit dem Hütehund Taff. In dieser Unterkunft lebt sie von April bis Oktober während der Beweidungszeit in der Braderuper Heide.

In der kalten Jahreszeit überwintern die Tiere von Uta Wree auf Flächen rund um die Schlei. Im April verlädt Uta Wree die Hälfte der Herde und lässt sie per LKW nach Sylt transportieren.

Porträt eines Fjordlandschafes.

Fjordlandschafe im Pferch in der Braderuper Heide auf Sylt.

LINKE SEITE: Fjordlandschafe: Schon die Wikinger schätzten ihre Robustheit, ihr zartes, dunkles Fleisch und ihre besondere Wolle.

OBEN: Bei der sommerlichen Beweidung sieht man Stare häufig als »blinde Passagiere« auf dem Rücken der Schafe »mitfahren«. Sie nutzen diesen Ausguck, um von dort Insekten zu erbeuten. Die wolligen Vierbeiner empfinden die Anwesenheit der Stare offenbar als angenehm und schütteln sie nicht ab.

OBEN: Charme der Vergänglichkeit: an der alten Wache des ehemaligen Militärflugplatzes auf Sylt.

RECHTS: Von April bis Oktober lebt Uta Wree in diesem Wohnwagen an der alten Wache des ehemaligen Miltärflugplatzes in Westerland auf Sylt, begleitet von ihren Hunden Taff und Fanta.

Eriba-Nova
Eriba-Nova
SL A 261

Diszipliniert folgen die Tiere ihrer »Chefin« Uta Wree bei der Durchquerung der Braderuper Heide auf Sylt.

Mit einer Herde von 550 Fjordlandschafen sorgt die Wanderschäferin Uta Wree
für die Landschaftspflege in der Braderuper Heide auf Sylt.

OBEN: Immer wachsam und einsatzbereit: Taff, der Beardie-Rüde von Uta Wree.

RECHTS: Uta Wree mit ihren Hunden Taff und Fanta bei einer Pause in der Braderuper Heide.

LINKS: Im passenden Moment werden Schafe während der Beweidung auch einmal mit der Schere geschoren. Ansonsten ist das eine Aufgabe für Spezialisten im Rahmen einer Sammelaktion.

OBEN: Abends in der Braderuper Heide am Ende eines langen Arbeitstages.

Alle Schafe fest im Blick: Uta Wree zieht mit ihrer Herde über den Strand der Braderuper Heide auf Sylt.

OBEN: Zug über den Strand der Braderuper Heide, aufmerksam begleitet von Fanta, einer Altdeutschen Hütehündin.

RECHTS: Die starke Verkehrsdichte auf Sylt erfordert besondere Aufmerksamkeit beim Zug durch Ortschaften wie hier in Braderup (oben) und beim Hotel Fährhaus in Munkmarsch (unten).

FÄHRHAUS

Schafe auf der Braderuper Heide und Reetdächer im Hintergrund –
ein häufiges Bild auf Sylt.

Mit dem Beginn des Herbstes endet die Beweidungssaison auf Sylt.
Der Rücktransport der Herde auf das Festland steht bevor.

Nach der Rückkehr in die »Heimat« auf dem Festland weiden die Tiere von Uta Wree weiträumig auf Flächen rund um die Schlei, hier auf einer Anhöhe bei Klensby vor den Toren von Schleswig.

LINKS OBEN: Nachdenklich an einem grauen Wintertag: Uta Wree mit ihren Hunden Taff und Fanta in einer kurzen Arbeitspause. Das Bild entstand bei Klensby am nördlichen Ufer der Schlei.

LINKS UNTEN: Im Raum Schleswig ist die Verkehrssituation in der Regel entspannter als auf Sylt. Dennoch erfordert die Überquerung einer Straße immer die volle Konzentration der Schäferin im Zusammenwirken mit ihren Hunden.

OBEN: Fjordlandschafe von Uta Wree auf einer Wintergrasfläche am südlichen Schleiufer bei Borgwedel. Im Hintergrund ist der Turm des St.-Petri-Doms zu sehen, das Wahrzeichen der Stadt Schleswig.

John Kimmel

Die Schäferei Transhumanz

Es ist kalt, windig und regnet in Strömen, als ich John Kimmel, seine Frau Johanna und die Auszubildende Antonia inmitten ihrer Herde auf freiem Feld am Danewerk bei Kurburg fotografiere. Freiwillig mag man sich bei diesem Wetter nicht lange draußen aufhalten, doch die Tiere können nicht allein gelassen werden. Und außerdem beginnt die Lammzeit. Auch an diesem ungemütlichen Tag werden auf der durchnässten Weidefläche Lämmer geboren und müssen geborgen werden.
Keine Frage: Die Wanderschäferei, in Literatur und Malerei oft romantisch verklärt, verlangt ihren Akteuren alles ab.
Für John Kimmel sollte dieser ungemütliche Wintertag einer der letzten extremen Arbeitseinsätze in seiner Berufstätigkeit sein, denn am 31. Juli 2022 verabschiedete er sich als dienstältester Wanderschäfer Schleswig-Holsteins in den Ruhestand.

1986 hatte es John Kimmel und seine Frau Johanna aus dem Süden in den Norden der Republik verschlagen, wo er zunächst als angestellter Schäfermeister den Hof Haberland leitete, eine Schäferei in der Regie der Rendsburger Werkstätten. 2001 machten sich die beiden selbständig und erwarben 2004 einen Hof in Krummenort nördlich von Rendsburg, den sie gemeinsam mit Tochter Käthe zum Sitz ihrer Schäferei »Transhumanz« ausbauten.
»Transhumanz, ein alter Begriff, steht für Wanderschäferei. Aus dem Sprachgebrauch fast verschwunden, soll er doch überleben, deshalb der Name unserer Schäferei.«
(John Kimmel)

Wie kein anderer hat John Kimmel die Wanderschäferei in Schleswig-Holstein geprägt und sich damit bleibende Verdienste erworben. Ohne sein ehrenamtliches Engagement in den beruflichen Gremien, seine weithin anerkannte fachliche Kompetenz und seinen nachhaltigen Einfluss bei den zuständigen Behörden wäre das Handwerk der Wanderschäferei im nördlichsten Bundesland vermutlich bereits ausgestorben. Sein Wissen hat er an zahlreiche Wanderschäferinnen und Wanderschäfer weitergegeben, die bei ihm ausgebildet worden sind.

»Wir beweiden im Jahresrhythmus verschiedene Naturschutzgebiete im Radius von 50 km um Rendsburg bis in den Raum Neumünster hinein und ziehen auch am Nord-Ostsee-Kanal entlang. Im Frühjahr wird auf Sandmagerrasen gehütet, im Sommer in wiedervernässten Hochmooren und im Herbst/Winter in verschiedenen Heidegebieten«, erklärte mir John Kimmel, als ich ihn bei einer seiner Wanderungen begleitete.
An seinem letzten Hütetag, dem 23. Juli 2022, zieht John Kimmel noch einmal mit 800 Schafen und 50 Ziegen durch das Tetenhusener Moor nordwestlich von Rendsburg. Ein ganz normaler Arbeitstag für ihn – ohne Abschiedsreden und Feierlichkeiten. Alles andere wäre ihm wohl auch nicht recht gewesen.
Ich habe ihn bei diesem Zug durch das Tetenhusener Moor begleitet und eindrucksvoll miterleben können, wie souverän er die große Herde durch das einsame, schwer begehbare Gelände führt, in dem man überall mit Kreuzottern rechnen muss. Wie auf ein geheimes Kommando folgen die Tiere ihm an der Spitze des Zuges, ohne dass die Hütehunde allzu oft disziplinierend eingreifen und Ausreißer einfangen müssen. Alles läuft ruhig und rhythmisch ab.
Das ist die Hütekunst eines erfahrenen Wanderschäfers.

Ende April werden die bisher nur auf dem Hof in Krummenort gehaltenen Lämmer zusammen mit den Mutterschafen erstmals auf Weideflächen ausgetrieben. Das Ziel dieses Zuges ist der Loher Forst einige Kilometer weiter westlich. Dort wird ein Pferch vorbereitet, in dem die Tiere über Nacht sicher verbleiben.

Schäfer lieben ihre Tiere: John Kimmel mit einem Lamm.

An einem heißen Sommertag zieht John Kimmel mit seiner Herde durch das Dosenmoor bei Neumünster. Dieses Naturschutzgebiet ist das größte und am besten erhaltene Hochmoor in Schleswig-Holstein.

An seinem letzten Hütetag, dem 23. Juli 2022, zieht John Kimmel mit 800 Schafen und 50 Ziegen noch einmal durch das Tetenhusener Moor nordwestlich von Rendsburg. Der Weg führt durch einsames, schwer begehbares Gelände, in dem man überall mit Kreuzottern rechnen muss.

Für die Schur der Schafschwänze engagieren die Wanderschäfereien erfahrene Profis. Antonia Fähnrich, Auszubildende bei John Kimmel (bis 2022), assistiert hier dem Scher-Spezialisten Janke Fischer bei seiner konzentrierten Arbeit.

Die Schäferei Kimmel erhält nicht nur Beweidungsaufträge vom Land, sondern auch von der Bundeswehr. Eine dieser Flächen ist der ökologisch besonders wertvolle Truppenübungsplatz Langwedel im Kreis Rendsburg-Eckernförde, der seit vielen Jahren von John Kimmel und seinem Team betreut wird.

Bokel hat als »Dorf voller Zirkuswagen«, die als Wohnstätten genutzt werden, überregionale Bekanntheit erlangt und stand auch schon im Mittelpunkt eines Dokumentarfilms. Auf diesem Bild zieht Käthe Kimmel mit ihrer Herde durch die Hauptstraße des sehenswerten Ortes.

COSCO
COSCO

LINKS OBEN: Der zivile Flugplatz Schachtholm liegt direkt am Nord-Ostsee-Kanal in der Nähe von Rendsburg. Das Gelände ist ein regelmäßig aufgesuchter Beweidungsplatz der Schäferei Kimmel.

LINKS UNTEN: Vorbereitung für das Schneiden der Klauen: Am Rand des Flugplatzes haben John, Johanna und Käthe Kimmel (links) einen Pferch errichtet, um die Tiere auszuwählen, deren Klauen geschnitten werden müssen. Bei dieser Aktion erfolgt auch eine Impfung gegen die Moderhinke, die als infektiöse Klauenerkrankung den größten wirtschaftlichen Schaden in der Schafhaltung verursacht.

OBEN: Ganz entspannt beim Schneiden der Klauen.

Bei Wind und Wetter in Mooren, Wäldern, auf Heideflächen, Wiesen und manchmal auch in besiedelten Gebieten unterwegs – das ist die tägliche Herausforderung im Handwerk der Wanderschäferei. Auf diesem Bild zieht Käthe Kimmel an einem frostigen Wintertag mit ihrer Herde über den Flugplatz Schachtholm am Nord-Ostsee-Kanal.

Vom Flugplatz Schachtholm geht es zur nächsten Weidefläche bei der Lotsenstation Rüsterbergen am Nord-Ostsee-Kanal.

Der Kograben bildete einen vorgelagerten Abschnitt der mittelalterlichen Grenzbefestigung südlich von Schleswig und ist streckenweise noch heute gut als Wehrwall erkennbar. Ein Teilstück des Kograbens liegt in Sichtweite des Militärflugplatzes Jagel und gehört zu den Beweidungsgebieten der Schäferei Kimmel. An diesem grauen Wintertag hat Käthe Kimme die Betreuung der Herde übernommen.

Ein Arbeitstag in der Wanderschäferei Kimmel im Winter: Es ist kalt und regnet in Strömen. Auf einer Weidefläche beim Danewerk südlich von Schleswig wurden Lämmer geboren, die geborgen werden müssen. Hier hält Antonia Fähnrich, Auszubildende in der Schäferei Kimmel (bis 2022), eines der Lämmer schützend in den Armen.

LINKS: Im Winter in der Nähe des Danewerks: Frisch geborene Lämmer werden auf den Weideflächen geborgen. Die ersten Wochen verbringen die Jungtiere zusammen mit den Mutterschafen auf dem Hof. Das Festhalten der Lämmer an zwei Beinen mag brutal aussehen, ist aber artgerecht und alternativlos. Denn nur so erkennen Mutterschafe ihre Jungen und folgen ihnen bereitwillig.

OBEN: Das Danewerk ist das größte Bodendenkmal in Nordeuropa und gehört zu den traditionellen Beweidungsgebieten der Schäferei Kimmel. Hier ist John Kimmel mit seiner Herde auf der Krone des Danewerks westlich von Kurburg zu sehen.

John Kimmel auf der Krone des Danewerks bei Kurburg, umgeben
von Schafen und den Altdeutschen Hütehunden Biggi und Foxi.

LINKS OBEN: John und Johanna Kimmel sind seit 1986 als Wanderschäfer in Schleswig-Holstein tätig.

LINKS UNTEN: Der Abschied naht: John Kimmel an einem seiner letzten Beweidungstage auf dem Danewerk.

OBEN: Abschiedsfoto: John Kimmel und seine Frau Johanna vor ihrem Hof in Krummenort. Der 31. Juli 2022 war sein letzter Arbeitstag in seiner Wanderschäferei »Transhumanz«, die er seit 2004 mit seiner Frau und Tochter Käthe in Krummenort nördlich von Rendsburg geleitet hat.

Birgit Voigtländer

Die Schäferei Aukrug

Mitten in Schleswig-Holstein, im »grünen Herzen« des Landes, liegt der 380 Quadratkilometer große Naturpark Aukrug. Und genau hier befindet sich der Betrieb von Birgit Voigtländer.

Ihre »Karriere« als Wanderschäferin begann, als sie Anfang 1991 bei der Suche nach einem Job außerhalb des hektischen Lebens in Hamburg auf eine große Schäferei stieß, die östlich ihrer Heimatstadt dicht an der Elbe liegt. »Learning by Doing« hieß die Devise hier: Arbeit im Stall, Betreuung wandernder Herden auf den ausgedehnten Wiesen am Fluss und Versorgung der Tiere in der Lammzeit – so sammelte sie Kenntnisse in allen Bereichen dieses uralten Handwerks.
Wie Birgit Voigtländer später einmal sagte, waren die zwei Jahre dieser »außertariflichen« Mitarbeit – es gab keinen Lohn, sondern nur Kost und Logis – weichenstellend für ihr Leben: »Ich habe damals Feuer gefangen und wollte später unbedingt Wanderschäferin werden.« An die Gründung eines eigenen Betriebes dachte sie zu diesem Zeitpunkt noch nicht. Dieser Gedanke reifte erst, als sie für ihren Einsatz in der Großschäferei nachträglich belohnt wurde – nicht in Form einer pekuniären Vergütung, sondern in Gestalt von 130 lebenden Schafen. Als sich diese Herde auf 260 Tiere vergrößerte, war die Voraussetzung für die Selbständigkeit gegeben – zunächst im Rahmen einer partnerschaftlichen GbR in Mecklenburg-Vorpommern, seit 1999 dann als alleinige Chefin und geprüfte Tierwirtin, Fachrichtung Schäferei, in Schleswig-Holstein.

Aktuell beweidet die Schäferei Aukrug mit 800 Mutterschafen und 120 Ziegen Heideflächen, Moore und Trockenwiesen in Naturschutzgebieten der Kreise Segeberg und Rendsburg-Eckernförde. Schwerpunkte sind die Barker Heide, die Wittenborner Heide und das Stellbrookmoor im Kreis Segeberg. In der kalten Jahreszeit überwintern die Tiere auf Bauernland im Umkreis von Aukrug.

Das Team von Birgit Voigtländer ist mit vier Angestellten größer als bei den anderen Wanderschäfereien im Land. Dementsprechend gibt es auch mehr zu tun, etwa den eigenen Hofladen ständig mit frischer Ware zu versorgen. Etwa 50% ihres Umsatzes erzielt Birgit Voigtländer durch die Vermarktung ihres Fleisches, die andere Hälfte durch die Einnahmen aus den Beweidungsaufträgen.

»Was ist das Hauptziel bei der Wanderschäferei?«, wurde Birgit Voigtländer in einem Interview gefragt. »Die Antwort ist verblüffend einfach«, sagte sie. »Die Schafe müssen immer satt sein. Aber es gibt eine große Herausforderung, und das ist die Logistik bei der Suche nach ergiebigen Weideflächen und nach dem Weg dorthin.«
Für die Zukunft der Wanderschäferei sieht Birgit Voigtländer dunkle Wolken aufziehen. »50 Schäfereien in Deutschland stellen im Jahr ihren Betrieb ein. Damit geht auch altes Wissen verloren – nicht nur bei der Hütetechnik, sondern auch bei der Ausbildung der Hunde und der artgerechten Behandlung der Schafe bei Krankheiten.«
Dennoch hat sie ihren Optimismus nicht verloren: »Schäferei ist Leben. Und: Eine Landschaft ohne Schafe ist nur halb so schön.«

OBEN: Der Stammsitz von Birgit Voitgländer befindet sich in Aukrug-Homfeld. Rechts ist das große Stallgebäude zu sehen und vorne links der kleine Hofladen, dahinter die Hundezwinger und im Hintergrund das Wohnhaus.

RECHTS: Frühlingserwachen in Aukrug: Die Lämmer strotzen vor Unternehmungslust und toben sich allein, in Gruppen oder mit den Muttterschafen auf der Wiese aus.

Der 1. Mai ist eigentlich ein Feiertag, für die Mitarbeiterinnen und Mitarbeiter in den Wanderschäfereien aber ein ganz normaler Arbeitstag. So auch am 1. Mai 2022, an dem das Team von Birgit Voigtländer auf einem Feld bei Großenaspe mit der Sortierung der Lämmer nach Geschlecht und Schlachtreife beschäftigt war. Außerdem wurden die Jungtiere mit Ohrmarken versehen, die eine präzise Identifizierung sicherstellen.

Die hohe Kunst der Wanderschäferei: In der Barker Heide im Kreis Segeberg, dem ältesten Naturschutzgebiet Schleswig-Holsteins, formiert Birgit Voigtländer ihre Herde mit nur wenigen Handbewegungen und Rufen.

Speziell ausgebildete Hütehunde wie die Schäferhündin Ganja von Birgit Voigtländer sind »Mitarbeiter«, auf die keine Wanderschäferei verzichten kann. Hütehunde müssen loyal, extrem wachsam, schnell und robust sein, um die Schafe und Ziegen einer Herde zusammenzuhalten, voranzutreiben oder aber zu stoppen. Das energische Verhalten eines Hütehundes schließt aber nicht aus, dass sich mitunter geradezu zärtliche Begegnungen zwischen dem vierbeinigen Assistenten und einem Herdentier ergeben.

Die Barker Heide ist das wichtigste Weidegebiet von Birgit Voigtländer und ihrem Team. Bei einem kurzen Halt prüft sie hier den Fuß einer Ziege auf Verletzungen. Alle Wanderschäfereien halten Ziegen in ihren Herden, damit die Landschaftspflege, die sich auch gegen Verbuschung richtet, optimal funktioniert.

Mit 600 Schafen, einigen Ziegen und der Schäferhündin Ganja zieht Birgit Voigtländer an einem Tag im Herbst durch die Barker Heide.

Birgit Voigtländer mit ihrer Herde im Herbst in der Barker Heide im Kreis Segeberg. 41 Hektar der weiten Landschaft, ursprünglich ein Heidegebiet, wurden bereits 1938 unter Schutz gestellt. 2003 wurde das Naturschutzgebiet auf 682 Hektar erweitert. Die extensive Beweidung durch wandernde Schafherden erfolgt im Auftrag des Landes und verfolgt das Ziel, die im Laufe der Zeit völlig vergrasten Sandheiden wieder zurückzuentwickeln. Im Programm des Heideschutzes in Schleswig-Holstein steht die Barker Heide mit dieser Maßnahme im Zentrum.

Einmal im Jahr werden d e Schafe geschoren, hier auf offenem Feld in der Barker Heide. Die Wanderschäfereien in Schleswig-Holstein engagieren für diese Aufgabe professionelle Scherer, die meistens im Team arbeiten und elektrisch betriebene Geräte einsetzen. Nur so lässt sich bei einer Herde von über 500 Tieren die erforderliche hohe Scherfrequenz erreichen.

Jan Störmer, ein professioneller Schafscherer, bei seiner konzentrierten Arbeit in der Barker Heide.

Schafschur mit elektrischem Gerät erfordert Geschick und Fingerspitzengefühl.
Die Tiere dürfen nicht verletzt werden.

Die Schafwolle wird an Ort und Stelle in Säcke verpackt und zum weiterverarbeitenden Betrieb transportiert. Ein Gewinn lässt sich damit nicht erwirtschaften, sagt Birgit Voigtländer: »In meiner Schäferei deckt der Erlös aus dem Verkauf nicht einmal die Kosten für das Engagement des Scherteams«.

E
EDEKA
T. Timm
P
Getränke-
markt

Für die Menschen in Großenaspe ist es inzwischen ein gewohntes Bild: Zwei Mal im Jahr zieht die Herde von Birgit Voigtländer durch diese Gemeinde im Westen des Kreises Segeberg. Im Frühjahr werden die Tiere in mehreren Etappen von Aukrug über Großenaspe zur Barker Heide geführt, im Herbst geht es auf der gleichen Route zurück. Heikle Abschnitte sind stets Straßenkreuzungen und Bahnübergänge.

Auf dem Weg zur Barker Heide oder von dort zurück nach Aukrug werden die Tiere von Birgit Voigtländer über die A7 geführt. Dann kreuzen s ch für einen kurzen Moment symbolträchtig zwei Welten: Der archaisch anmutende Zug einer Wanderschäferei trifft auf die rastlose Moderne, den schnell fließenden Verkehr auf der Autobahn.

OBEN: Jeden Morgen um 10 Uhr setzen sich die Mitarbeiterinnen und Mitarbeiter der Schäferei Aukrug mit ihrer Chefin zum gemeinsamen Frühstück zusammen. Dann werden die Projekte des Tages besprochen und Arbeitsaufträge verteilt.

RECHTS: Im Team der Schäferei Aukrug: Tale Meinrenken …

… und Sina Hell mit Steffen Kirchner.

KEELA

LINKS: Zur »Belegschaft« der Schäferei Aukrug gehören auch sechs Hunde: vier Altdeutsche Hütehunde als Vierbeiner für die tägliche Arbeit, hier im Spiel auf einer Wiese in Aukrug ....

OBEN: ... und zwei Herdenschutzhunde, Ronja und Karlo, die zur Wolfsabwehr eingesetzt werden. Diese respekteinflößenden Tiere sind eine Kreuzung aus Pyrenäen-Berghund und Kangal. Während der Aufnahmen zu der Reportage »Nomaden unserer Zeit« war keine der begleiteten Wanderschäfereien von Wolfsrissen betroffen. Erst kurz nach dem Abschluss des Projektes berichtete einer der Betriebe von einem Vorfall in seiner Herde.

LINKS OBEN: Nach dem Ende der Wandersaison im Herbst bleiben die Tiere der Schäferei Aukrug bis zum Frühjahr auf Weideflächen in der Nähe des Hofes. Bei den täglichen Kontrollen halten Birgit Voigtländer und ihr Team besonders nach frisch geborenen Lämmern Ausschau, um diese sicher zu bergen.

LINKS UNTEN: Sicher untergebracht in der Box auf dem Pick-up: Nach einem Kontrolleinsatz in der Nähe von Aukrug geht es für Schäferhündin Ganja und ihre »Chefin« zurück zum Hof. Der Stab dient hier nur zum Schließen der Box, nicht etwa zur Disziplinierung der Hütehündin.

OBEN: Vorbeugende Maßnahmen zum Schutz der Tiere vor Infektionen werden vor allem außerhalb der Wanderzeit durchgeführt: Desinfektions-Fußbäder gegen die Moderhinke, eine weltweit verbreitete, bakterielle Erkrankung der Klauen bei Wiederkäuern, und die orale Verabreichung eines Anti-Wurm-Mittels wie auf dieser Aufnahme mit der Schäferin Sina Hell im Herbst in der Nähe von Aukrug.

Autoren

Foto: © Ilse Clausen

Jochen Missfeldt

Geboren 1941 in Satrup (Schleswig-Holstein), hat er seine Heimat zwei Jahrzehnte lang auch als Pilot von Aufklärungsflugzeugen betrachtet, bevor er in Kiel und München Musikwissenschaften, Philosophie und Volkskunde studierte. Er veröffentlichte Gedichte, Erzählungen und Reportagen, die Romane »Solsbüll« (1989), »Gespiegelter Himmel« (2001) und »Steilküste« (2006). 2013 erschien seine Stormbiographie »Du graue Stadt am Meer«, 2017 der Storm-Roman »Sturm und Stille«. 2002 wurde er mit dem Wilhelm-Raabe-Literaturpreis ausgezeichnet, 2006 mit dem Kunstpreis des Landes Schleswig-Holstein, 2010 erhielt er den Theodor-Storm-Preis der Stadt Husum und 2014 den Italo-Svevo-Preis.

Foto: © Henrik Matzen

Holger Rüdel

Geboren 1951 in Schleswig, lebt in Selk. Studium der Geschichte, Kunstgeschichte und Fotografie in Hamburg. Von 1985 bis 2016 Direktor des Stadtmuseums und Leiter des Kulturamtes der Stadt Schleswig. Seit 2017 freischaffend tätig als Fotograf, Kurator für Fotografie und Autor. Veröffentlichungen zur Geschichte des deutschen Kaiserreichs, zur Regionalgeschichte Hamburgs und Schleswig-Holsteins sowie über Schleswig in Geschichte und Gegenwart, zum Teil mit eigenen Fotografien. 2021 erschien sein Bildband »Zeitenwende. Die Fischer vom Holm in Schleswig an der Schlei«.
www.holger-ruedel.de

Foto: © Andreas Schenk

Andreas Schenk

Geboren 1976 in Bochum, studierte Philosophie und Politikwissenschaften, arbeitete zunächst in Brüssel und unterrichtete dann Hochbegabte. Bei einem berufsbegleitenden PR-Studium begegneten ihm die Schäfer. Der Erhalt dieses für die Natur unverzichtbaren Traditionsberufes wurde ihm zu einer Herzensangelegenheit. In Folge baute er den Bundesverband Berufsschäfer im Ehrenamt mit auf und vertritt ihn heute hauptberuflich in Brüssel wie Berlin.

Foto: © Holger Rüdel

Oliver Stolz

Geboren 1966 in Pinneberg. Studium der Verwaltungswissenschaften an der Fachhochschule für Verwaltung und Dienstleistung Altenholz.
Von 2010–2020 Landrat des Kreises Pinneberg. Seit 2021 Präsident des Sparkassen- und Giroverbandes für Schleswig-Holstein und Ratsvorsitzender der Sparkassenstiftung Schleswig-Holstein, Kiel.
www.sgvsh.de

Förderer

SH Schleswig-Holstein
Ministerium für Landwirtschaft, ländliche Räume, Europa und Verbraucherschutz

Wir fördern den ländlichen Raum EU.SH

LEADER

AktivRegion Eider- und Kanalregion Rendsburg

AktivRegion Mitte des Nordens

Kulturförderung Kulturstiftung des Kreises Schleswig-Flensburg

kulturstiftung kreis rendsburg-eckernförde

Finanzgruppe Sparkassenstiftung Schleswig-Holstein

Sparkassen in Schleswig-Holstein

Stiftergemeinschaft der Förde Sparkasse

Familie Fielmann

Medienpartner: [Mohltied!]

Impressum

Herausgeber: Sparkassenstiftung Schleswig-Holstein, Kiel
www.sparkassenstiftung-sh.de

Wachholtz Verlag, Kiel, März 2023
www.wachholtz-verlag.de

Fotograf aller Abbildungen, soweit nicht anders vermerkt, sowie Autor aller Bildlegenden und Kapiteleinführungen ist Holger Rüdel.

Titelbilder
Vorderseite: Die Wanderschäferin Uta Wree in ihrem Wohnwagen auf Sylt mit dem Hütehund Taff.
Rückseite: Uta Wree zieht mit ihrer Herde über den Strand der Braderuper Heide auf Sylt.

Gestaltung/Herstellung: Michael Herold/www.typografikdesign.de

Papier: 150 g/qm Magno Volume 1.08
Schriften: Avenir, Minion

Auflage: 750

Diese Publikation begleitet ab 2023 die Ausstellungstournee »Nomaden unserer Zeit – Wanderschäfereien in Schleswig-Holstein«.

ISBN 978-3-529-05081-7